U0321203

建筑画选

李学熙 著

外滩叁號（原友利大楼） Jona 2009.11.18

天津大学出版社
TIANJIN UNIVERSITY PRESS

图书在版编目（ＣＩＰ）数据

实画直说 ： 建筑画选 / 李学熙著. -- 天津：
天津大学出版社，2012.12
（上海院专家系列丛书. 2012）
ISBN 978-7-5618-4578-3

Ⅰ. ①实··· Ⅱ. ①李··· Ⅲ. ①建筑画－作品集－中国
－现代 Ⅳ. ①TU204

中国版本图书馆CIP数据核字(2012)第317086号

责任编辑：油俊伟
封面题字：黄玉昌
策　　划：上海建筑设计研究院有限公司
美术编辑：孙筱晔

出版发行　天津大学出版社
出 版 人　杨欢
地　　址　天津市卫津路92号天津大学内（邮编：300072）
电　　话　发行部：022—27403647　　　邮购部：022—27402742
网　　址　publish.tju.edu.cn
印　　刷　深圳市彩美印刷有限公司
经　　销　全国各地新华书店
开　　本　210mm×220mm
印　　张　18
字　　数　153
版　　次　2013年6月第1版
印　　次　2013年6月第1次
定　　价　138.00元

序

　　成立于国家"一五"计划第一年的上海建筑设计研究院，走过了壹甲子的春华秋实。在六十年的发展历程中，上海院一直坚持着老院长、中国工程设计大师陈植先生确立的勇于创新、精心设计的创作思想，为城市奉献了一批批富有特色、并烙下时代印迹的建筑作品。六十年的发展，凝聚了一代代的设计师的智慧、理想和奉献，造就了一批批才华横溢的优秀建筑师，他们不仅热爱建筑创作，同时注重总结提炼，将自己的创作心得和创作过程与社会共飨。

　　今天李学熙先生将他多年的建筑画展现给我们，用建筑师特有的语言向我们讲述着他，作为献身建筑事业的一位老专家，对建筑无限的热爱。

　　李学熙先生出生于建筑世家，自小受到良好的艺术熏陶，就读于天津大学，在彭一刚先生的影响下，在钢笔画、水彩画等方面，都有着深厚的功底。大学毕业进入上海院以来，笔耕不辍，创作了大量的建筑钢笔速写和水彩渲染图。数年前几张小小的建筑钢笔画书签，那严谨的构图，流畅、洒脱的线条，深深地吸引着我们，看着画面中广东路17号、熙熙攘攘的南京路步行街，激起了多少对往昔岁月的城市记忆……。尽管在科技快速发展的今天，电脑技术已经普遍应用于建筑的表现，但是对于一名建筑师来说，手绘，这种特殊的表现语言，会永远承载着设计的思想表达和城市的场所叙事。

　　人生如画，画如人生。感谢李学熙先生古稀之年无私的奉献，也希望这本书对于那些执着于建筑设计有热忱和理想的青年建筑师们有着更多的感悟和思考。

二零一三年五月

前 言

我于20世纪60年代进入上海建筑设计研究院有限公司（原名：上海市民用建筑设计院）工作，在此工作将近50年的时间里，虽然参与的大小工程项目达数百项，但由于忙于工作，一直没有作过系统的总结。在数年前，时任张伟国院长曾提议：希望老一代建筑师能把自己设计的作品和成果汇编成册留下来，以供青年一代借鉴。现任刘恩芳院长，为配合我院成立六十周年庆典，也希望我个人的作品集能尽快出版。

自己一直对出版作品集十分惶恐：一是担心时代进步，日新月异，以前作品的素材对当代青年建筑师有无参考价值？二是本人设计的作品无法代表六十年来我院的设计水平，因此一直拖延至今。在院领导的敦促下，作为年逾七旬的老人而言：现在不做，更待何时？因此，将近半个世纪的设计人生作一个总结，我想无论经验或者教训都是财富。在大学求学期间，遵守校训："实事求是"；在设计院工作期间，领导和前辈教会我"认真工作，不计得失"；设计院领导的培养和帮助，设计团队的通力合作以及同事间的相互支持，都是我永生难忘的历史情结。回首过去，五十年来为祖国的建设事业添砖加瓦；展望未来，青年一代的建筑师将会挥就一幅更加辉煌的蓝图。

建筑设计是一门创意文化产业，是工程和艺术两门学科的结合。而创意文化应当是 "意在笔先"。建筑师不断提高艺术修养，传承和发扬祖国优秀的文化遗产，是当仁不让的历史职责。同时，有目的地吸收外来先进文化理念和创意，使我们设计的工程不应仅仅是个"产品"，更应是被赋予时代个性的"作品"。建筑师的创意灵感并非来源于一朝一夕，而是依靠日积月累的艺术熏陶和文化积淀，厚积薄发，水到渠成，创新灵感的火花将永放光辉。我认为，在数字信息时代，电脑作为设计的工具是不可或缺的。但是，电脑也是人脑开发的产品。建筑师"灵光一现"的创意火花，有时更需要由徒手的"草图方案"加以及时"定格"，这就是"手头功夫"，即基本功。建筑师的徒手表达能力有时是工作中沟通和交际的必要"建筑语言"。时代在进步，"笔墨随时代"，相信青年建筑师能将 "徒手表达"能力提升到新的水平。

在本书的编排方面，秉承"实画直说"的宗旨，尽量做到以画为主、以画论技、图文交融，从而使读者一目了然。在素材选择中，绝大部分为当时当地触景生情，即兴之作，不仅有水彩、水粉、钢笔、马克笔等多种工具的表现手法，也有设计效果图以及代表性工程的照片等。这些年间走南闯北的风雨历程，驻现场、下工地"三同"（同吃、同住、同劳动）、修马路、战高温、去唐山抗震救灾……这都是对我的磨炼，使我逐渐成熟起来，让我学到了书本上学不到的东西，也获得了金钱换取不到的财富。由于历史原因，很多习作遗失了，令人备感遗憾。另外，有些习作由于历隔时间太久，当时作画的情形难免遗忘，故有些图作仅有图而无直说内容，也略感些许遗憾。

最后，以四句话作为小结："启动心灵窗户，行旅奇美世界，笔录多彩人生，追寻真情实感"。在此，由衷地感谢院领导和给予我关心帮助的同事、朋友，感谢他们对《实画直说》出版的竭诚关心和全力支持。以南宋著名爱国诗人陆游的诗句和大家共勉："古人学问无遗力，少壮工夫老始成。纸上得来终觉浅，绝知此事要躬行。"

李学熙 于"静雨斋"

二零一二年六月夏日

目 录

建筑画综述

　　本画册的出版，不仅是对自己一生工作的总结和汇报，同时也想通过此书，使初学"建筑学专业"的学生以及刚踏入设计院大门的青年建筑师增加对本专业的了解和兴趣。因此，选材上较为宽泛，挑选了一些自己感到对建筑画表现手法有帮助的画种以及能够较快反映建筑师设计创意表现的方法，达到及时与业主沟通，或者和自己的上司、同事交流的目的。

　　建筑师既要充分利用先进的电脑手段来表达自己的构思，有时也需要采取"徒手画"来表现创意和构思。面对面的交流时，碰到建筑师用语言难以表达的情况时，需要通过自己徒手体现"灵光一现"的创意火花，这是最生动又直接的表达手段。有时候可以借此及时了解双方的想法，立马解决设计中的矛盾和分歧。这就需要青年建筑师常年历练，养成习惯，从中会尝到甜头，对设计工作的推进有所帮助。有时与外方建筑师交流沟通时，也常常采取"徒手交流"的方式。我可举例说明国际上对建筑师徒手稿的尊重。记得1996年，我在芝加哥的画廊里发现著名国际建筑大师奥斯卡·尼迈耶（英文名Oscar Niemeyer）先生的手稿展示。其中一幅是装裱精致的草图手稿（约200mmx300mm画面尺寸）与其工程竣工后的实景照片加以对照。大师寥寥几笔的铅笔草图勾画出了他的创意理念："在群山环抱中，起伏有致的精巧的建筑天际线，给人以震撼。"这就是建筑大师创意的结晶。因此，我们不可小觑徒手草图的意义和影响。但是这些徒手草图必然需要高度的艺术底蕴以及深厚的美术功力。于是，建筑师刚入门，就必须脚踏实地、按部就班地从素描、色彩做起。

记得一位著名建筑大师曾经说过"一位出色的建筑师必定是一位出色的美术家"（大意），可见美术在建筑创作中的重要性。本画册题材内容尽可能做到"中西兼容、古今结合、墨彩多样、简繁并存"，将本人尝试的多画种和表现方法的心得和体会提供给读者。所以我将内容编排分为三大部分，即素描、水彩、水粉，后半部分还提供有工程实例照片及建筑效果图。

　　素描是建筑师练习基本功时的重中之重，也是开启初学者入门的钥匙。可锻炼自己的观察力，特别是审美能力，锻炼对多彩世界的空间、彩色、材质等，以及对人、自然和环境千变万化的领悟力和反映力。过去的西洋画论重点探求物象造型、光影、层次的写实性，以黑白来表现对物象的具体感受。同样，中国画的画理更讲求"墨分五色"，以"黑白浓淡"来表现意象之作。因此，素描是基本功中之基本，犹如练就太极拳中之"守势"和"马步"。之后就能对其他的水彩、水粉等表现方式驾轻就熟，对其容易理解和掌握，它们之间以"经济基础"与"上层建筑"之间的关系做比恰到好处。

　　素描表现大致分为：铅笔画、钢笔画、炭笔画、毛笔画等，其中钢笔表现画常采用不同的绘画工具，如绘图笔（如"红环"牌的0.35、0.5型较为常用）、中性签名笔（0.35型和0.5型较为常用，也有0.7型等）、美工笔（亦称扁头钢笔，绘制粗细线条自如，使用方便）新颖的款式有自来水毡笔（如0.5型、1.0型等）。

一.绘画工具

1.画笔

(1) 铅笔。型号从HB、2B……8B可根据不同要求用之。初学者可以学习和临摹些代表作品，但应当铭记国画大家齐白石名言："学我者生，似我者死"。

(2) 炭笔。可用成品炭条（在建筑画中较少使用，难以刻画建筑细节），也可用炭铅笔（表现力强、易出效果，但不易保存，须喷胶固定。因此本人过去的习作大多未很好地保存）。现常用近年生产的炭铅笔（外层非木质，为卷纸，不用削，纸皮剥夫即可，使用方便，笔芯圆润细滑，画面不易污损，容易保存）。

(3) 毛笔。传统毛笔使用携带不甚方便，新产品"自来水毛笔"倒可一试。本人较少使用，初学者较难掌控，在此介绍大师李可染的大作以供鉴赏（见插图一）。

插图一

(4) 中性水毡笔（或马克笔）。使用十分方便，具有快速、较强的表现效果。毡笔的笔头粗细、尖平，可自行按所需加工，此工具在20世纪80年代至90年代初期十分流行。原中央工艺美院何镇强教授自己动手制笔和自行配置颜料，被称为一绝，（作品见插图二），其更适宜"淡彩"的表现方法。

(5) 蜡制彩色铅笔中专用单色笔。使用效果较好，优点是轻便、易学、快速、价廉，画作不易污染，易保存。新产品水彩铅笔，在绘制过程中或完成后用水彩笔润水溶解水彩颜色，有其特效，更适合与钢笔或铅笔混用的"淡彩"方式，国内外业界沿用至今。

2.颜料

(1) 水彩颜料。建议购买"24色"，调制颜色丰富，复色运用范围更大，表现力更强。目前，国产的和进口的均可选择，量力而行。水彩建筑表现图在20世纪60年代前使用广泛，相对要求艺术功底较高。

插图二

(2) 水粉颜料。供应情况如同前者。水粉色彩丰富，覆盖力强，20世纪70、80年代在建筑表现图中应用广泛。水粉画技易学，但不易精，画得不得法易

"污"。因此，要做到"定准基调，调色果断"。在此介绍大师黄永玉的大作以供鉴赏（见插图三）。

（3）其他丙烯和油画颜料。丙烯颜料介于水性和油性之间，介质用水则为"水粉画"，介质用调色油则成"油画"。本人未尝试过丙烯画种，不敢妄谈。但是，画者体会：因丙烯定型较快、易干的特点，绘图速度要快，相对掌控不易。因此，初学者不予推荐。优点为表现力强，宜长期保存。

插图三

3.电脑绘图

通过电脑手段来表现建筑效果，高效、逼真，目前市场广泛应用。同时，存在一定问题：缺乏个性，表现效果容易类同，操作电脑的绘图者应有相当的艺术水准。

市场上可能会产生更多、更新的绘画工具和产品，本人少闻，坚信后来者会有更多的发现和选择，建筑表现图也一定会更加绚丽多彩。至于表现图使用的纸张（或布质、木质），限于篇幅，不予细述。但是，有一条原则，纸张的选择与表现工具应相匹配，亦需与本人经济能力一致，从而做出最佳选择和合理搭配。作者年轻时期经济拮据，大多采买废品回收站的铜版纸的"纸边"、单薄价廉的"油光纸"，甚至设计用草图纸和硫酸纸，同样获得了较理想的效果。因此，用纸不是问题。铜版纸更适用于钢笔、毡笔、马克笔画等；而一般书写纸、铅画纸更适合于铅笔画和炭笔画。现在市场上供应的"速写本"纸质均较好，以纸面"粗糙"为佳。

二.画技概述

有先人将画理总结为"无法有法，有法无法"，画技是在实践中不断探索总结出来的。根据本人几十年的绘画心得体会，总结为**"五多"：多看、多学、多练、多比较、多总结**。以下分别对**"五多"**进行扼要阐述。

多看。多看有关的专业书籍和有关艺术边缘门类的书籍；读书宜杂些，以提高个人文化素养；多参观相关的艺术展示活动，从中汲取创意的养分。本人深深感受到诸多艺术门类的展示都是自己无声的老师，也是建筑创意的借鉴。"搜遍奇峰打草稿"，走遍天南地北皆学问。

多学。多向前辈、同事、同行、社会学习。不耻下问，洗耳恭听，取其之长，补己之短。我们的老师遍天下。

多练。"拳不离手，曲不离口"乃为至理名言。建筑师也要学会"挤时间"，工作的间隙时间，是汲取创作灵感和练笔的"黄金时段"。"零存整取"，本人此次选择画稿，绝大部分是现场即兴之作。在没有相机的年代，靠一纸一笔为历史的风貌留下了印记。总之，越不画越不敢画，越画越敢画。不必忌讳别人的闲言碎语，干自己想做的事。

多比较。要有不断的自我的"纵向比较"，还须有与同行的"横向比较"，可从中找到自己的弱处，寻找到努力的方向。如：太极拳的"四两拨千斤"、"以弱胜强"的道理，也是可以借鉴的。

多总结。这方面为自己的薄弱环节。目标不明确是进步慢之所在。有目标，分阶段，集中精力，专攻自己设置的目标，一步一脚印，循序前进，即可成矣！例如：我年轻时，怕画树，枝叶繁茂，无法下笔，我就知难而上，多观察四季树型的变化、树种的成长特点等。长久抓住各种树木的形象，耐心而持久地坚持写生，到后来就较好地破解了这个难题。"树"，作为建筑画中的生态绿色配景确实是重要的点睛之笔。举此一例，就能理解个中道理（见插图四）。

归根结底 **"五多"** 之根本在于 **"勤"**。**"以勤补拙"** 是千真万确的诀窍。抓住时机，勤奋练习。在工作出差、参观考察以及休闲旅游之际，别忘了带上你的一支笔和一本速写本（当然带上你的数码相机更理想），既能记录了工程要务，又可留下你的"手稿"。相信数十年之后回顾往昔，发现自己积累了可观的资料和素材，这就是以自己的艰辛换取的丰硕成果。本书中的作品，大都是在长途汽车上、火车上、飞机上、旅途中"抓住"的对象。有人问何苦呢？这就是个人的兴趣和动力。"人各有志，各有所好"便是。

插图四 冯建逵教授演示手稿

选稿插图
《中国古典园林分析》　　作者：彭一刚　1986年12月出版　　中国建筑工业出版社
《现代建筑画选》　　　　作者：何镇强　1987年11月出版　　天津科学技术出版社
《沿着塞纳河到翡冷翠》　作者：黄永玉　1999年5月出版　　三联书店
《跟大师学艺》　　　　　作者：郝之辉　2009年1月出版　　天津古籍出版社

色 彩

静观大千、缤纷七彩

1953年初—1955年上半年院址
福州大厦（原名汉弥尔登大厦）

1955年初—1956年末院址
外滩汇中饭店（原名和平饭店南楼）

1956年末—1998年末院址
外滩广东路17号（原名友利大楼）

1998年至今
石门二路258号现代大厦

彩色·水彩

水彩画要领

1. 构图轮廓应用铅笔定稿（学成者可自己选择）。

2. 画法之干、湿之分。初学者以"干画法"为宜，因较易掌握，此处不做详述。"湿画法"要胸有成竹，一气呵成，接色自然，浑然天成。"湿画法"又有两种方法：用"点纹笔"（羊毫排笔），以清水排笔涂刷画面一遍；或者将纸张浸润于清水盆中半小时后取起，在玻璃台板上铺平，待纸张八、九成干后，即可挥笔上手。后者"湿画法"，一时较难掌控，宜在渐学渐进中体会。

3. 着色前，预先酝酿有序，本人总结为十二字诀："先浅后深，先明后暗，以深托浅。"当然，各人自有各法，完全可以创新发展。

雁荡山下
约两小时完成，水彩画，水彩纸

雁荡风光·灵峰奇观

春到龙华
约一个半小时完成，水彩画，水彩纸

水乡赶集

　　1965年，我刚进设计院，正值国家经济恢复期，基建任务繁忙，于是我院领导安排我跟老工程师去水乡昆山现场做设计——为砖瓦厂设计隧道窑。本人刚出校门，没有学过这门学科，边设计，边学习。进驻现场的场景，如今历历在目。当时，乘坐着小货轮，沿河慢慢前行，小货轮发出呜呜的吼叫，环顾水乡周边风光，两岸石砌驳岸，临水而居的江南木筑，轻盈而素雅，茶楼里传来了江南丝竹和评弹歌弦，集镇上嘈杂的叫卖声……这种水乡赶集的风情，已成为我的记忆，这幅创作是我的追忆画。

周庄双桥
约两小时完成，水彩画，水彩纸

　　以江南水乡作为水彩画题材近年来甚多，写意和写实的方式多样化，这幅画作不是写生，而是在画室内"完成"的。因为我对周庄相当熟悉，周庄之貌印刻在脑海中挥之不去。一时兴至，以"双桥古镇"为选题，没有草稿，挥画就上，分别以湿画、干画以及干湿结合三种表现形式做了不同尝试，各有所长，难分伯仲。其中一幅干画法参选了"第一届上海中老年画展"，有幸获得三等奖，被举办方收藏，因此无法纳入本书中。这幅周庄"双桥"以较明快的色调表现了古镇的新貌，是画者创作的原意，供读者评估。这幅水彩画，没有使用狼毫水彩笔，而是探索采用扁平的"羊毫点纹笔"，本人感到用笔爽利，立竿见影，色泽透明而简约，本人认为是一项成功的探索。

血染风采
约一个半小时完成，水彩画，水彩纸

桂林·山光水色
约一个小时完成，水彩画，水彩纸

桂林·漓江风光
每幅用时约一小时完成，水彩画，水彩纸，宣纸

　　三下桂林，各有所得，也各有所失。我曾画过数十幅有关桂林山水的速写和水彩。"桂林山水甲天下"，名不虚传，这种"山水园林城市"的理念，为我辈今后奋斗的目标。这才是城市让生活更美好的理想人居环境，人和自然环境高度和谐相处，才是城市发展的方向。作为城市设计师和建筑师要做到"笔下留情"。20世纪80年代到桂林旅宿"漓江宾馆"，这幢板式高楼坐落在市内

重要景区，实是大煞风景。前年全家去旅游，此高楼已经消失，此乃桂林之大幸矣！

　　对于桂林风光，尤其适合用湿画法来表达秀色可餐的佳景，我也曾在宣纸上试作彩墨，倒也十分恰当，不但充分发挥了宣纸的"晕色"效果，而且较水彩画更方便，可以尝试。

青岛·滨海听涛

云南石林·石林奇峰

　　云南风光无限，四季如春，印象之深，无与伦比。在20世纪80年代初，曾为筹建上海图书馆新馆，也为前期工作的选址和编制任务书，赴昆明参观新建省图书馆、云南大学图书馆等，获益匪浅。这是第一次来到大西南，留下美景，自我品味。

西冷印社
约一个半小时完成，水彩画，水彩纸光面

在杭州小孤山稍息，抬首眺望，实为极佳景色。巨樟犹如擎天大柱，形态优美，成为画中焦点。而拾级而上的打雨伞的游客成为画中导向，而"西冷印社"中心点题，却隐匿于绿烟之中，画面上仅反映了印社楼阁飞檐起翘的一只角，给予暗示。

杭州 · 南山烟雨
约一小时完成，水彩画，水彩纸

　　这是杭州南高峰景点附近的美景。正当游兴正浓之际，天色突变，忙回首，看到此景平易却感人，可能是朦胧之美的缘故。打开画夹，挥笔"急就章"，山道弯弯，层次感极佳。近景为尚清晰的古樟树，中景暗绿色密林、紫褐色的秋杉冲天耸立，起伏有致的远山笼罩在烟雨迷蒙中，颇具诗意，似乎为写意的"国画"。国画的最高境界为"意到而笔未到"。

深圳·东湖夕照

上海中山公园・喷泉
约两小时完成，水彩画，水彩纸光面

　　20世纪五六十年代，我居于上海静安区，公园不多，星期天休息时，常游之地为中山公园。年少时，感到这座公园空旷、深远，算得上上海市内的大公园之一。现在看来，仅不过是座小公园。中山公园的变化，说明上海城市在蜕变。但是，中山公园宁静养性的特色应该保留，特别要保护原有的建园风貌。原来英式圆形尖顶的茶室早已不复存在，新建的豪华餐厅已占据此地。现听说管理部门正在收集老照片，打算逐步恢复公园原貌，据说此处离中山先生居所很近，中山先生夫妇常在此休憩。此图的喷泉水柱用特技海绵擦拭而成，周边的水雾是用喷水壶以清水喷雾形成的效果。

嘉定·龙潭彩霞

青岛·崂山清泉

提起崂山，就想到"青岛啤酒"之水源汲取于崂山山泉。20世纪80年代初曾到此一游，夏日炎炎，汗流浃背，来到山泉旁，迫不及待品尝流淌不息的崂山清泉，确感沁人心脾，洗尽人间烟尘，其乐无穷。但愿人生命之源圣洁，让大自然与人们同呼吸，共命运。祝我画的对象——崂山三水水库永不枯竭。这里景色优美，山色空蒙，层峦叠嶂，本是一幅"写实"的中国画。我用6B铅笔在书写纸上绘就了一幅真实的"国画"。我自幼未研习过国画章法，但不经意间将美景描绘成"国画"，为什么？我曾经在20世纪70年代初拜访过高寿的国画名师沈迈士先生，提出一个问题："我从未学过国画，如何入门？"大师轻而易举地解答了问题："你有西画基础，我本人也是西画出身，你是中国人，中国是你的生养之地。耳濡目染，自然而然你的画，外国人就称其为中国画了。这是潜移默化的简单道理。"是呀！一语中的。

上海中山公园·樱花如雪
约两小时完成，水彩画，水彩纸

　　中山公园的英式茶室附近有一片樱花林，每年阳春三月，樱花缤纷如雪，游客云集。我们一家人也在春光明媚时节时常造访"樱花盛宴"，其中一颗树龄很高、婀娜多姿的樱花树是游客摄影的焦点。这棵名树可是中山公园的"宝贝"。近年，由于迁居的关系，本人很少去中山公园，偶然经过，入园寻觅这棵"宝贝树"，居然已没了它的身影，备感失落和怀念。选此幅水彩，以示纪念。此画以湿画法为先，在画面将干未干之时，在树干上用半干狼毫笔添枝加色，强调画面的主体。

上海·愚园路上（柳林别业）

约两小时完成，水彩画，水彩纸

　　这是值得纪念的一条街——静安寺附近的愚园路，我从小学到工作期间在此处居住了40多年。这条马路被上海文管局列入"十大保护街区"，被上海市旅游局列为"传奇之街"，它东起常德路，附近曾有上海名园之称的"愚园"，这是作家张爱玲的居所所在，西至中山公园附近有中山先生夫妇居住过的寓所。近年来，又发现了我原居住的新式里弄内曾经住过中国工人运动的著名领袖之一邓中夏烈士，还竟是我的邻家。这新式里弄曾小洋楼林立，虽经修缮，但已原貌不再。年前我曾将此画的影印件，分送离上海半世纪之久的回沪探亲访友的海外亲朋。左侧的"柳林别业"曾是他们青年时期的居所，远处的高塔曾是"救火会"（即消防队）的办公场所，为愚园路的地标。思乡之情溢于言表，他们将画争抢一空，并非我画得好，而是他们对家乡的感情根深蒂固。

周庄·古镇茶楼

约两小时完成，水彩画，水彩纸

　　这是干画法的表现方式，刻画细节较为清晰真实，但是缺乏水彩画淋漓尽致的特色和神韵，但也是可选择的方式之一。画面采用深赭色调来表现古镇的历史感。

天台山·隋代古刹

　　这是天台山上有一千多年历史的隋代古刹。古代僧人在规划选址上恰到好处。古寺深藏不露，寺前山泉湍湍流过。寻访者踩踏着石砌"汀步"，在溪流中穿行，真是静中有动。四周的千年古樟，千姿百态，浓荫似盖，有种佛家胜地的幽深神秘之感，也许这就是我们常用的"灰空间"，这是古人用密林营造的"灰空间"。远处望见古寺的隐壁上的四个大字"隋代古刹"。隐壁后方，没有通常的古寺大门，而在左侧设小小山门，引导游客上山，依山就势，几经转折，才能到达正殿。这种非常态的佛寺规划布局，规避寺庙一般中轴设计，实为因地制宜，曲折有致，真是奇思妙构之作，"风景这边独好"！画面交代不清，文字权当弥补。

天津·意式洋楼
约三小时完成，
水彩画，水彩纸

　　这大约二、三年级的实地写生习作，成绩一般。但是，选择此画是回顾学生时期在外写生的惬意。这些天津所谓"意租界"里斑驳破旧的老洋楼留下了屈辱的历史，但是在建筑风格上倒是给我们上了生动一课，保留着意大利式老建筑的风采。据说，这些老建筑大多正在修复，成为旅游者的参观景点。此画为干、湿两种手法交替，底色铺垫以湿色为主，而重点勾画是干画点缀。这也是水彩画常用方法。

上海·少年宫前
约两小时完成，水彩画，水彩纸

　　大概20世纪70年代末，来到我院设计的少年宫剧场，当时蓝天白云，阳光明媚，苍松翠柏，相映成辉，本画没有明确的立意，也只是记录了那时那景。可以汲取之处，色彩反差、明暗处理较为成功。

上海·江南春早

约一小时完成，水彩湿画法，水彩纸

在20世纪80年代前还能经常在上海近郊目睹一派江南农村的田园春光，但现在这些地方都是房地产开发商吸金的对象，早已高楼林立，"混凝土森林"如雨后春笋般生长，日长夜大，真是一天一个样。农田不见了，城市扩大了，如何建成绿色生态城市是当今亟待解决的难题。我们建筑师要如何应对这种变化也是个重要课题。前几年在上海召开国际市长会议时，席间一位澳大利亚某市长开玩笑地说："有人请我当上海市长，我是不干的，我首先无法解决交通难题。"

上海·江南小巷
约一小时完成，水彩画，湿画纸

　　这种选题也是近年画家喜爱的选题。粉墙黛瓦，青竹摇曳，薄雾尚未散去，斑驳的墙体稍显破落，反映了小巷强烈的历史感。这种小巷的氛围，尤显安静亲和，"门对门"的邻里关系使人与人之间没有距离。由于经济的高速发展，加速了城市化的进程，于是到处生长起"混凝土森林"，江南秀色已成稀缺。这也许是我们城市设计师和建筑师的研究课题，如何在高层中为改善邻里亲情留出一角空间，专设为社交空间。这应该是开发商和设计师共同的社会责任。

安徽·黄山烟云

苏州·水乡晨曦

枕水人家

约两小时完成，水彩画，水彩纸

深圳东湖·霞光万道
约一个半小时完成，水彩画，水彩纸

广州·烈士陵园
约两小时完成，水墨画，宣纸

广州·白云山下
约三小时完成，水墨画，宣纸

彩色·水粉

水粉画要领

1. 可以用铅笔（炭笔）或者中性色（赭石色）定底稿，也可根据画面的基调来确定冷、暖色定底稿。

2. 着色"干湿有度，厚薄相当"，这是自己的经验积累。本人的体会归纳为："大面定调，从薄画起，层层递进，明暗对比，大处着手，小处着眼，画龙点睛，收着全局。"

3. 水粉画虽覆盖力较水彩画强，但是不宜重复加色，否则会"沉渣泛起，不可收拾"，画面容易"污染"，成为败笔。建筑水粉表现画以"画面明丽，交代明确，光影清晰"为佳，不同于其他艺术创作。

北京·图书馆旧馆（文津街馆址）

承德·避暑山庄（须弥福寿之庙）

　　康熙五十二年至乾隆四十五年间为喇嘛寺庙，共历时六十六年之久。据云：西藏班禅六世觐见清帝归途中，稍息此地诵经，病逝于此。据速写稿作二度创作。

北京·昆明湖畔

江南·田野风光

　　在20世纪70年代，于赴京途中的列车上见江南田野里一片彩色的苜蓿花盛开的美景，记忆犹新……现在，这里已是一片高楼大厦，今非昔比。

承德·外八庙（普乐寺）

这是1975年末，根据速写稿回家创作而成的水粉画，耗时半天多。

上海·展览中心

承德·避暑山庄
约两小时完成，水粉画，水彩纸

　　承德避暑山庄，顾名思义为"避暑"，但在1975年底，我们八位同事以钱学中总师为首，在国家文管局介绍下顺道来到避暑山庄"抗寒"。在我的记忆中，大约在零下20℃的严寒季节，我们登顶棒槌山，俯视这座"山庄"，感到气势非凡。中轴线上，外八庙构成绝佳的天际线，金色余晖，映照着"金顶"，建筑天际线，依山而建，起伏有序，山庄的城墙意喻着长城的坚挺。古人在选址和规划上定有绝招，那时候肯定没有现代人这种先进的设计方法和工具，但是在营造空间时，他们胸有成竹，总揽全局，伟哉！由于要紧跟队伍前进，我只能用6B铅笔简单勾画了当时的轮廓和氛围，回家后，追忆创作。

株洲·湘江波光

约一小时完成
水粉画，速写纸

　　我和同事赴湘出差，行进在湘江岸边，真正体验了天高云淡、水天一色的意境。于是，趁间隙时刻，将此处美景收录本子中。几十年后未能再去株州，不知旧日风貌可存否？

长沙·岳麓红叶

约一小时完成，水粉画，速写纸

　　当我们缓步登上长沙岳麓山，寻访毛泽东"恰同学少年"读书、赏景的爱晚亭胜迹时，曲折的山道两旁，如火的红叶，将我深深地感染。多美的岳麓山景！使人驻足不前。于是，又发挥"土相机"的作用：趁同事休息间隙，迅笔"留影"。由于激情所致，仅约不到一小时便完成这幅水粉写生。我的体会：绘画的对象必须是感兴趣的题材，才能以景抒情。我的感受是在绿树丛中，才显红叶的娇艳。

杭州・灵隐古刹

约两小时完成，
水粉画，一般书写纸

　　这是杭州市著名的旅游景点。在20世纪70年代初，此处"古刹藏深山，密林流清泉"，真是绝佳去处，香烟缭绕，钟鼓齐鸣，佛家圣地，充满神秘。我利用假日做了多角度小稿比选。回家当即选定侧面取景构图，避免中轴取景的一般类同。用色较薄，但较深沉，以显示古寺的庄严。用水彩透明而快速地来画水粉画，也是本人的一种尝试，其中要掌握在灰调中要有"亮色"反差，画面更能突出主题。

淡彩·水彩

淡彩等其他画种要领

1. 以钢笔、铅笔等画笔先勾画初稿，然后敷色。

2. 上色"宜淡就简，一次成功"。一般用淡色水彩，用色有统一基调，彩色不宜过于繁复，以防"喧宾夺主"。一般以较低调的复色为好。

3. 上色时，首先"明暗分清，冷暖对比，重点点缀"即成，切莫反复磨蹭，以致画面受损。

其他画种不做一一详述。

何镇强先生作品（钢笔淡彩）

广州·东方宾馆

约一个半小时完成，钢笔淡彩画，照相透明颜料，水彩纸

曲阜·孔庙大成殿
约一个半小时完成，炭笔淡彩，速写纸

曲阜·孔庙杏坛
约三小时完成，钢笔淡彩画，水彩纸

曲阜·孔府大院

约三小时完成，钢笔淡彩，水彩纸

上海·静安古寺
20世纪60年代之作，钢笔淡彩，水彩纸

    我曾经在这附近生活了40多年，这幅画说来令人惊讶。画的画并不理想，设色的明暗对比不强烈，但这是一幅跨越近50年才完成的"作品"。为什么？其实这是中学期间实地写生的水彩，近来又对旧作加工，才告收笔。这是一幅不算成功的作品，但是画面确实记录了真景实意。左侧为香烛店，右侧为"亚细亚肉庄"。这一情景勾起了内心涟漪。最重要的是画中有静安区的地标——天下第六泉，很多人会在泉内"放生"，清泉两旁有轨电车驶过，此处在晨钟暮鼓中是少年时期读书的好去处。古寺内幽静异常，氛围奇佳，让人流连忘返。看今朝，古寺修缮一新，附近有"久光"购物中心和灯红酒绿之地，静安已经不再安静了。

济南·千佛山下

千佛山坐落于泉城济南近郊，是千年古迹，摩崖石刻满目可见，石龛中石佛或庄严、或慈祥……拾级而上，感受着立体的画卷，让人遐想，令人折服。上千年的文化遗产如此精美绝伦，祖辈的优秀传统文化，应当得到后生的尊重和传承。庄严朴茂，佛国圣地，我采用炭笔淡彩的表现手法，更能彰显其品味。

苏州·七里山塘

苏州 · 虎丘山下

　　虎丘山为苏州近郊胜景。山虽不高"有史则名"，具有深厚的历史文化价值，山谷深涧，空间变化，小中见大，巧于因借，名声久远，为我国山林和园景有机结合的典范。最近我国正式向联合国教科文组织提出"申遗"项目。

北京·前门街景

北京香山·碧云寺塔

约半小时完成，炭笔加油画棒，速写纸

　　香山地处北京西城郊，碧云寺孔雀绿琉璃密檐砖塔，其外形与西城全国重点文物——天宁寺比例尺度十分相似，塔身设计端庄、典雅，节奏感强，韵律清晰。记得60年前梁思成大师曾在《人民日报》副刊发表有关天宁寺塔剖析文章，给人留下深刻记忆的是，梁先生精于音乐，将塔身分段的比例，演绎成音乐韵律，这简直是"凝固的音乐"鸣奏出宏伟的乐章，真可谓大师手笔，今日的外滩之"金茂大厦"，有着天宁寺密檐塔的影子。

上海·浦江风情

约半小时完成，钢笔加马克笔，铜版纸

　　那是1976年10月一个不寻常的日子，到处锣鼓喧天，欢庆的游行队伍持续不断地向市府推进。在我院的天台是绝佳观景之地。我早上上班前先画了此幅速写，后来游行队伍犹如潮涌，我又重新画下一幅更为壮观的历史画卷，遗憾的是，此画不知所踪。这种淡彩速写，是快速记录历史镜头的较好方式之一。

唐山·唐各庄矿

　　这是在唐山抗震救灾中遗存的唯一一幅速写，十分宝贵。这是车经唐山"唐各庄矿区"时铭刻的记忆。

北京·中国美术馆正门

约半小时完成，圆珠笔和马克笔相结合，铜版纸

　　中国美术馆是十大建筑之一，我认为美术馆的设计是十分成功的设计精品，为此我非常崇敬建筑大师戴念慈先生，他为人和蔼，谈吐谦逊，当官不离本行（20世纪80年代担任建设部副部长时，还热衷于曲阜的"阙里宾舍"的设计）。在我学生时代，张镈教授时常提及不要做"空头建筑师"，要学习戴念慈脚踏实地的工作作风。20世纪70年代中期我出差北京，受大嫂刘寿增之托给好友带东西，不想戴公正在躺椅中休憩聊天，面色苍白，我不知面前正是我崇敬的建筑大师戴念慈。我大嫂的好友史人宇说："你俩是同行，可以聊聊。"我不知所措，谈及他的大作，他竟淡然一笑，并不在意。本画为中国美术馆主入口，以中国古建筑"抱厦"的形式营造入口的过渡空间，细部精致，既庄重又大气，极具王者风范。在参观画展前的间隙，以淡彩方式表现，我认为既快速又出效果。

上海·外滩风光

一个半小时完成，用0.35签字笔，速写纸

　　此为从我院屋面现场写生钢笔稿，回家添以淡彩。用色简单、透明。由于
建筑是静物，以天空风起云涌、地上车流滚滚、屋顶彩旗飘扬来反映画面上的
外滩是充满活力动感的地方。此画仅能反映外滩一角。

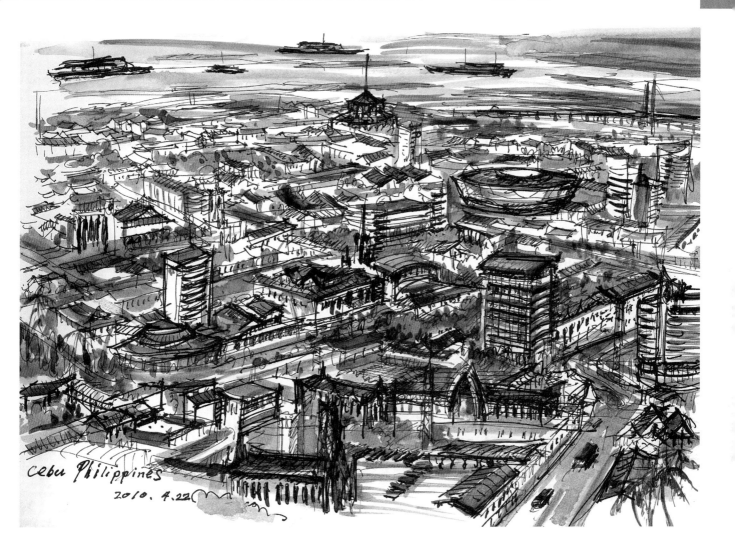

Cebu Philippines
2010. 4.22

菲律宾·鸟瞰宿雾

　　晨起，推窗观赏宿雾之市容，抓住主要街区重要建筑的特征造型，略去次要的元素，速写记之。

芝加哥·乡村别墅

素 描

墨分五色、执黑守白

1953年初—1955年上半年院址
福州大厦（原名汉弥尔登大厦）

1955年初—1956年末院址
外滩汇中饭店（原名和平饭店南楼）

1956年末—1998年末院址
外滩广东路17号（原名友利大楼）

1998年至今
石门二路258号现代大厦

素描·钢笔

钢笔画要领

1. 观察、熟悉、理解所画的对象，做到"触景生情，以情动人"，这是美术大家叶浅予先生的至理名言（大意）。本人几十年的切身体验，会非常深刻。

2. "笔墨在胸，水到渠成，一挥而就。"如果是未成熟的构思，或者不感兴趣的题材，我奉劝不要煞费苦心，搁笔缓行。

3. 一幅建筑画的上佳之作，应当神形兼备。但如果两者难以兼顾，首推"神似"，国画中称之为"气韵生动"。这是初学者难以达到的高度，但是可以在实践中探索。

上海·南京路上（20世纪30年代）

这是根据老照片及历史档案资料而创作的历史场景。

上海·原德国总会
约四小时完成，0.35签字笔，绘图纸

　　这座建筑的旧址即为今天的外滩"中国银行"坐落位置，为典型的哥特式
建筑，此画根据历史档案创作而成。

上海·难忘的外滩广东路17号（今为外滩3号）

约三小时完成，钢笔画，0.35 "红环" 绘图笔、速写纸

　　这是1964年大学毕业后，跨进设计院大门，从事建筑设计工作数十年的大楼。（根据自己拍摄的照片改画），这里是充满了激情、感慨、甘苦的地方，留下深深的印记，铭记着历史的情节，看到它就让人心潮澎湃。这座大楼里发生了无数的故事，令人回味。它见证了上海民用建筑设计院（现名上海建筑设计研究院有限公司）60年来的发展历程，在这座大楼里 "知识分子成堆" 的地方，诞生了不胜枚举的上海著名建筑。这幢楼是眺望外滩风光的最佳视点，地处黄浦江陆家嘴湾头，视野开阔，江景尽收眼底。此外，这幢巴洛克式 "劲性钢骨结构" 建筑是上海第一幢，也许是唯一的一幢。这里曾是英国巴马丹拿建筑事务所（英文名：Palmer & Turner Architects and Surveyors）前身所在地，当时称为英商 "公和洋行"。黄埔江边很多大厦都是该事务所设计的作品，如汇丰银行、永安公司老楼（即今 "永安公司"）……巧合的是我父亲曾在此大楼与英国建筑师共事过多年，因此，这说明20世纪前期 "万国博览会" 的外滩，包含着中国建筑师的心血。

　　本人在绘画过程中，由于未打底稿，构图上下即道路空间显得局促。由于建筑较精细，突出重点建筑轮廓，抓住塔楼、大门仔细刻画，其他部位 "放松" 处理。

上海·老石库过街楼

　　石库门有我孩提时代终身难忘的记忆。石板和弹街石铺就弄堂小巷，房子间距不大，天井、客堂、灶披间……这些都是熟悉的名称。弄堂口就是过街楼下，有"烟纸店"和"老虎灶"等。日常生活的"开门七件事"，就近就可解决。隔壁邻舍互相知根知底，生活上零距离地交融。总之，"石库门"的生活居住方式是旧上海的标志之一，也是本人的历史情结，上海城市发展可以向其汲取些什么。

上海·原邮电大厦

上海外白渡桥 原俄国领事馆 建拾1916年

上海·原俄国领事馆

上海·亚洲第一湾

这是上海近年外滩改造中延安东路立交桥口处的建筑，本人在其拆除前赶去拍照存档，再根据照片改画成钢笔画。

2011.3.8.上音校园

上海·上音附中

　　我曾在这里现场设计度过半年时光，十分熟悉这所校园。庭院里矗立着上海音乐学院院长贺绿汀纪念塑像。学校在数十年内培养了一大批具有国内、国际影响力的顶尖音乐人才，这与奠基人老校长贺绿汀的努力是分不开的。校园内有多幢著名的小洋房，建筑风格迥异，现已属保护建筑。

淮海路街景（法国领事馆）2011.3.

上海·法国领事馆

浓荫仙盖—衡山路上 2011.3.17

上海·美庐外景（上音附中）

周公馆原址　（思南路）

上海·周公馆

　　这是上海十分著名的景点，地处旧上海"法租界"思南路上。此地区集中了一群法式老洋房，而"周公馆"为其中一座，以周恩来为首的相关中央领导人曾在此办公和居住，环境十分幽静。这里还有京剧名家梅兰芳的故居等名人寓所。目前，在此又开发了法式的"思南公馆"法国洋房组群，这是继"上海新天地"石库门开发利用案例后，又一种新的开发利用模式，可以一观。

桃江路休闲街

上海·桃江休闲街

　　桃江路的复原工程铲除了原有的沥青路面，换以弹街石铺地，林荫覆盖，阳光溅落，一地洒金，两旁咖啡馆、酒吧等高档休闲场所林立。这曾经是早年孙中山夫妇经常散步的马路，也是品味老上海风情之处。

莘庄园一瞥 2010.3

上海·莘庄公园（五星级）

　　莘庄公园是上海为数不多的"五星级"公园，小巧玲珑，精致可人，为原私家花园发展起来的。其四季景色，各有特色，管理优良，以梅花为主题，远近闻名，甚至有台湾游客过海来此观梅。

苏州·剑池论史

上海·豫园一角

苏州·七里山塘千年古街

苏州·留园《五峰仙馆》前冠云峰

苏州·留园五峰仙馆前冠云峰

浙江·安吉山居

杭州葛岭·城大

杭州·葛岭奇石（宝椒山）

杭州·龙井访茶
约两小时完成，钢笔画，水彩纸

本人20世纪70年代前，没有饮茶的习惯，那时到龙井村小息，在茶室要了一杯真正的龙井，品茗片刻，只是闻到一股淡淡清香，并无特别的感受。饮茶完毕启程上路，却感其回味甘洌，其乐无穷。在龙井山村一切感到平和、朴实，山间茶农，石桥，亭阁，小溪汩汩，小村远处炊烟袅袅，随风飘荡……这画景数十年来一直未曾遗忘，回味无穷。这幅作品是我回家后追忆画成，近年曾多次去龙井村寻访，却是格调杂乱的"小洋楼"到处可见，缺乏统一规划，大煞风景。

安吉·古樟风姿

江西婺源 徽州风情小巷

辛卯年春月孙黠而斋

婺源·古巷风情

江西·古村垂钓

青岛 《八大关》德式古堡
二〇〇六年六月夏日

青岛·德式古堡
（又名花石楼）

青岛·原德式监狱
（现改为博物馆）

青岛·康有为故居

青岛·德式老远街村 2008.6.16.

青岛·原德国总督府

济南里要停之月解放园环景记実
2010.7.4

济南·解放阁环城公园

黄河咆哮怒涛起，
齐鲁大地炮声隆。
泉城重光胜迹现，
解放阁下清泉觅。

济南·李清照纪念馆庭院

清泉汩汩柳荫深，
烈女颠沛故居存。
鬼哭神嚎战祸起，
词人永垂精神震。

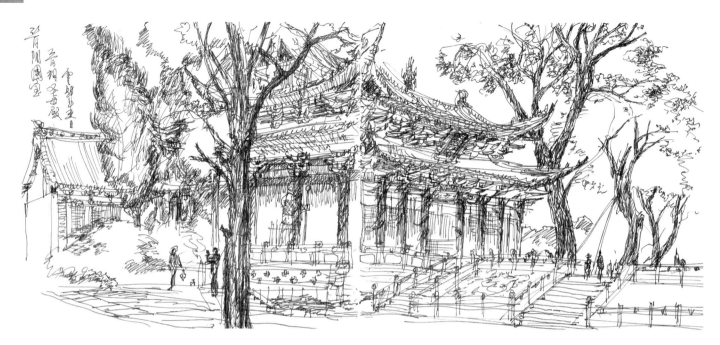

太原·晋阳国宝——圣母殿

太原·晋祠公园——难老泉

江西·庐山——夜访牯岭街

20世纪70年代初，赴江西出差，为上海图书馆老馆改扩建工程选材，顺道探访庐山图书馆，据说此馆收藏中外典籍达30余万册。我和同事小赵一同前往。乘坐陈旧的长途汽车（当时没有旅游专车），翻山穿云，山回路转，险象环生，此时不见庐山真面目。在烟雨和云雾回绕中抵达庐山牯岭镇。牯岭街是一条石板砌筑的老街。在细雨朦胧中找到了图书馆，却是座不起眼的旧木楼。给我开门的是图书馆馆长，引我俩上楼，满屋堆书如山。在他热情的安排下，住宿过夜。在昏暗的灯光下，与馆长夜谈时，才看到他面目全非的可怕脸面，令人惊恐。了解到原来馆长是一位"特级荣誉军人"，在抢救弹药库和战士过程中奋不顾身，被严重灼伤，治愈后被安排到气候优越的地方疗养，他却坚决要求在庐山图书馆工作，后来成了一位专业图书馆典藏编目专家，真是可敬可爱！这种大公无私的精神，使人深受感动，难以忘怀，这才是庐山的真面目。年前乘空，追忆当时的情景，作下此幅画，与读者共享，以示纪念。

《历史的诉说》

一九九五年摄六宫北夏制

记圆明园遗迹

北京·圆明园——西洋柱廊残迹

北京·国子监——仕途之门

北京·颐和园后院

河北·北戴河风景（鹰角石、鹰角亭）

挂风帆引
去秦皇岛途中河北北海即兴随笔 义仁郭二月

哈尔滨·圣母教堂

St. Nicholas Church

哈尔滨 原圣·尼古拉大教堂（已被毁）

St. Sophia Church

Li Xue Xi 2009.3.

哈尔滨 圣·索菲亚大教堂

The Modern Hotel 2009.8.

哈尔滨·马迭尔旅馆

台湾·阿里山千年神木

　　首次来到宝岛——台湾，阿里山的景色，令人心旷神怡。在台湾导游的详细介绍后，方知阿里山的原始森林——桧树林被日本侵略者于战乱时期大肆砍伐，取之作修筑铁路的枕木之用。这些贵重的木材，几近毁于一旦，实在令人惋惜！当我回上海，即作画记之。

埃及开罗清真寺

埃及·开罗大清真寺

2007.9.6 印度洋"海上旅店"

马尔代夫·海上度假村

新加坡·印度神庙

纽海文市·耶鲁大学

美国纽海文·耶鲁大学校园

美国·芝加哥大学校园

　　这是我探亲的居住地。晚餐后，我和老伴信步来到两所名校的校园，这里都是百年以上的老校区，文化积淀很深。这些建筑和校园环境的建设，均非一日之功。学府建筑文化的积累是要经受历史检验的。

美国·芝加哥城中心

根据船上的摄影照片二度创作。

英国·剑桥大学校园

美国芝加哥・密西根大街石砌教堂

　　据说19世纪芝加哥两次城市大火，殃及其半个城区以上，大多优秀建筑均毁之殆尽。这座不倒的石砌教堂，在两次大火中存留了下来，可见建筑选材防火的重要性。上海大量高层如雨后春笋般出现，消防问题是一个严重问题。

BUDAPEST CITY 2010.10.22. 欧行散记 布达佩斯

匈牙利布达佩斯·城区街景

瑞典斯德哥尔摩·市容小景

　　远处的尖塔建筑为斯德哥尔摩市政厅，为市标志性建筑，著名作家莫言在此授以诺贝尔文学奖。

提克·克洛姆罗夫夫城堡　2010.10.12.学题画

捷克·克罗姆罗夫城堡鸟瞰

捷克·布拉格市水景

奥地利霍夫堡·米歇尔商业街

奥地利维也纳·国家图书馆

奥地利维也纳·卡尔教堂（巴洛克风格）

Karntner Strasse
维也利·克恩膝大厅
高级精品购物步行街

奥地利维也纳·克恩腾精品步行街

素描·铅笔

铅笔画要领

1. 铅笔画特点是简单易学，草图纸、硫酸纸或铅笔画纸均可，纸面有些毛糙感的效果更佳，根据需要，加以选择。需注意绘画时，不要来回摩擦，以免画面污损。

2. 起稿时，首先观察、熟悉描绘的对象。然后思考画面构图取景的中心，确定取舍，安排好前景、中景、远景的层次。做到"心中有数"。

3. 落笔后，可以先勾画大体的景物轮廓，做到"把握全局，从浅入深，由淡到浓，一气呵成"。如果熟练掌握后，也可做到"一步到位"，"马到成功"。

上海·白莲泾冬晨

浙江温岭·鬼斧神工
约两小时完成，炭笔画，铅画纸

我1980年初负责规划设计一座小公园，需砌石堆山，另有石筑小构等。在浙东温岭肖村石匠领班小林师傅盛情相邀下，乘坐破旧的长途汽车，经过一番周折，终于来到采石的矿井现场。洞外骄阳如火，我穿着一件短袖衬衫和短裤，随同他人鱼贯而下，小林师傅提醒我说："当心着凉！"我不以为然，然越往深处下去，越感到周身透凉，洞内外温差竟达十多度。这次经历使我深刻体会到石工的辛劳，赚钱之不易。据小林师傅说："工地上时常有工伤和死亡事故……"这给我的印象之深，数十年来难以忘却，至今有时我还会想：小林师傅可安好？这一幅无法用广角镜反映的场景，我回家后，即刻根据当时的意境认真地追绘了自己的感受。

北京·团城内五百年古树——油松

坪石金鸡岭·洪宣娇练兵场

古街深巷·

江西·婺源老街

长江・巫峡大桥

济南·趵突泉公园

约一小时完成，铅笔画，书写纸

　　曾多次出差泉城济南，有暇之时，常访此公园名胜。似乎在较早些年，泉眼无泉，或者流量低下，并不壮观。近年，据说政府采取了种种有力措施，趵突泉才得以喷涌不绝，吸引了无数中外游客。其实，趵突泉公园为泉城的城标，园内景色奇佳，柳荫拂面，隐现着无数亭台楼阁，小桥流水……其间，古代著名女词人李清照纪念馆的园林风格融合了北方王家风范及江南庭院婉约的长处，是我们建筑师值得一游的地方。在这里可采撷无数的画题，并能猎取最佳的镜头。

北京·胡同情结

上海城隍庙即景

1971.3.

上海·城隍庙"九曲桥畔"

西安·远眺小雁塔

云南石林·阿诗玛和莲花峰

云南石林·天下第一奇观

长江三峡旧貌——张飞庙

长江三峡旧貌——俯瞰奉节

云南民居·依山就势

云南民居·一颗印

江西·庐山会议旧址　　　　江西·月色江声

江西·九江口

江西·鄱阳湖渡口

深圳·新城崛起

苏州·虎丘塔影

　　当列车飞驰而过苏州，回首窗外风景，三五分钟的涂抹，往往线条简约，印象深刻，因为这是作者感兴趣的题材。

素描·炭笔

炭笔画要领

　　基本画法步骤与铅笔画相同，但要注意，下笔时须慎重，一笔下去，不宜多改，以免画面容易污损。因此，炭笔画在某种意义上，较铅笔画掌握上稍难些，不如铅笔画随时可用橡皮更改。另外，完成画作后，应用喷胶固定画面，避免画面污损。

桂林风光组画（五幅）

桂林风光（一）

桂林风光（二）

当时采用一般白报纸，目前画面泛黄，近三十年前的旧作，更显沧桑。用炭笔表现此题材，效果较好。三赴桂林，一天可画数十幅。遗憾的是，其中一次在游船速写时，围观者将几十幅画和画夹挤落江中，众多画作付之东流，终身之憾。

桂林风光（三）

桂林风光（四）

桂林风光（五）

北京·故宫追梦（御花园内古紫藤）

约一小时完成，炭笔画，速写纸

    大约在1961年初夏时节，张敕教授带领我们全班同学到北京故宫古建筑区测绘实习，在故宫御林军值班房安营扎寨，在此体验一下宫中氛围。在长达一个月的实习期间，我们享受了"贵宾"的待遇，故宫博物院单士元院长亲自为我们介绍了宏伟壮观的中轴线重要宫殿，单先生指出："这些宫殿用五元人民币满堂铺贴，所有建筑也无法建造起来……"这句话一直印刻在我的记忆中。他还打开了从不对外开放的"乾隆花园"，带我们参观了其中的"迷宫"，让我们增长见识。在测绘过程中，还听闻了不少神秘而有趣的"内部传奇"。午饭之余，在御花园午休片刻，我常在有着四五百年古龄的紫藤的浓荫下，伴随着《春江花月夜》的背景音乐渐入美梦。1975年追访故宫内这棵古紫藤，依然生机勃发，绿荫似盖，我感到非常欣慰，留此速写以示纪念。

长沙岳麓山下·爱晚亭
（毛泽东青年时期读书处）
每幅约一小时完成，炭笔，速写纸

　　1974年去长沙正值金秋，毛泽东风华正茂时写下的著名诗词《沁园春·长沙》："……看万山红遍，层林尽染……"深深吸引着我们寻访胜地。登上岳麓山，秋高气爽，景色宜人，山路两旁红叶似火，夺人眼球，真是画油画的好题材。到处寻觅毛主席青少年时期读书处——爱晚亭，爱晚亭后一片金秋红叶，映衬着亭阁，背山面水，倒影似镜，鸟语花香，风光无限，迅笔留下几幅炭笔写生，以此留念。

南京 · 中山陵

衢州·古城集市
10分钟完成，炭笔画，速写纸

在20世纪70年代春出差途径衢县，那时古城保存完好，行至此处，古城集市深深吸引了我，这简直就是平民百姓生活场景的最佳写照。通往古城门石砌台阶的层层提升，石阶缝隙穿出了倔强小草和树叉。老屋分列两旁，一边是木构架空楼阁和热闹的早市。另一边是毛石砌筑的小屋，青苔覆盖，尤显年代感。通过虚空城门洞，便是更宽阔的衢江，江水清冽，水位甚浅，江中巨大的卵石面露峥嵘。这就是20世纪60年代著名电影《闪闪的红星》外景拍摄地。片中曲"小小竹排向东流……"似乎在我耳际回响。这让我当即从衣袋中拿出小纸片记录，用三五分钟记录了当时场景。前几年旅游再次途径衢县（今称衢州市），这里已经发展为工业发达的现代化城市，旧貌换新颜。我想探访的古城风貌早已不复存在。总之岁月留痕，只能在回味中追念了。

上海·万人体育馆

　　这是上海当时名震天下的我院成功的代表作品。建筑前辈汪定曾总建筑师出山主持设计，集中我院精兵强将，组成庞大的设计团队进行设计。它成为当时历史条件下，自行设计、自己施工，使用国产建材和设备，结构新颖的"空间网架"，其直径为110m，属国内首创，可谓我院史无前例的出色作品，影响了几代人。"万体馆"已成为上海人心中的地标。当时，我的爱人参加空调设计，还在怀孕期间，加之酷暑难熬，现场设计条件很差，她只负责其中一部分空调计算工作。很多结构、机电工程师都是幕后英雄。这体现了我院设计团队素质极高，合作精神甚佳，才会出现至今看来仍不落伍的设计精品，前辈的汗水换来了今日民用院的品牌。

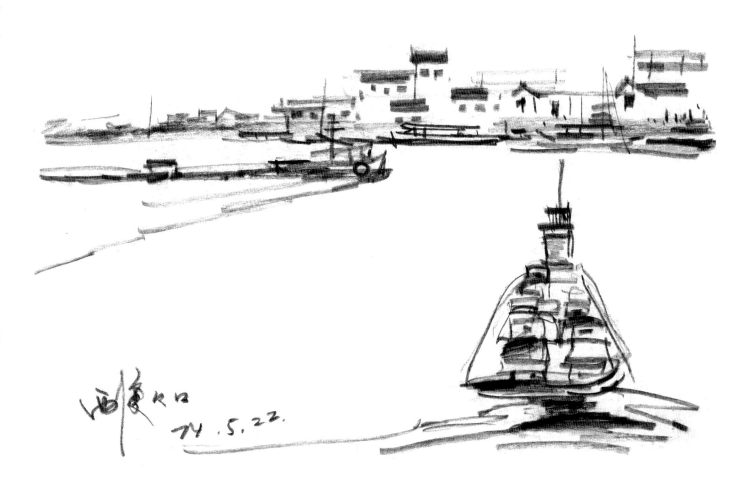

上海·西渡渡口

其他

洞察积累、为我所用

1953年初—1955年上半年院址
福州大厦（原名汉弥尔登大厦）

1955年初—1956年末院址
外滩汇中饭店（原名和平饭店南楼）

1956年末—1998年末院址
外滩广东路17号（原名友利大楼）

1998年至今
石门二路258号现代大厦

鲁迅——中国知识
分子的脊梁
半小时完成，炭笔画，速写纸
（临摹作品）

　　鲁迅的文章是我们中学时
必读的内容。这些鲁迅作品中的
人物仍令我印象深刻：阿Q、闰
土、祥林嫂……想起鲁迅的名
言："横眉冷对千夫指，俯首甘
为孺子牛"，这高贵的精神正是
中国知识分子的脊梁。在我的书
桌上，长年放置一座鲁迅的陶瓷
坐像。面对他的坐像，我时常思
索，他的"硬骨头精神"用什么
方式表现最恰当呢？我终于找到
一张鲁迅肖像照片，改绘炭笔，
而且将木炭笔芯有意折断，以侧
峰行笔，抓住眼神，简约而有力
的笔触，迅笔完成，自己感觉不
错，尚须众人评述。

辽代佛像
水粉加油画棒综合绘制而成，使用有色卡纸

京剧《逼上梁山》人物

京剧人物电视速写

速写心得：不花钱，抓空隙、常练
笔、心手勤、养性情、找乐趣。

戏剧人物电视速写

旅途众生相

每个肖像基本不超过半小时完成，
炭笔或铅笔，速写纸

　　20世纪60至80年代大多乘坐火车出差，邻座多为工、农、商、学、兵。当时，乘客来自天南地北，交谈热烈，相交甚欢，毫无芥蒂，甚至还在临别时相互留下通信地址。到达目的地下车时，依恋不舍。这种情景成为我此生的记忆，我的速写本记下了众生芸芸。

扒培于后入若梦

扒熟火多处看由所见记之

问读 5.27

旅途众生相

舞蹈人物速写

南非之旅·行政首都—比勒陀利亚

2006.6.16.

阿拉伯
商人
2008.9.19

南非见闻

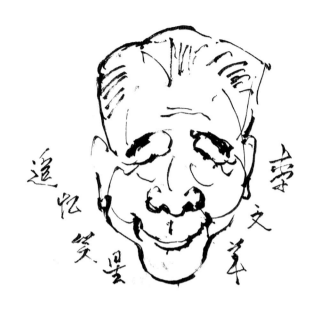

追忆笑星

夏文菜

人物速写

苏州·西园烫金木雕

电视速写

电视速写

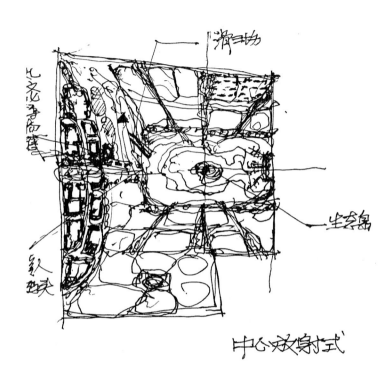

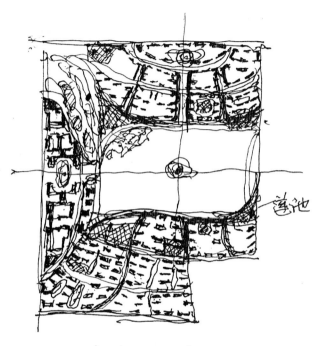

游泳场

花卉布置

生态岛

叠泉

中心放射式

莲池

自由布局式

生命之光

生命之火

生命之泉

小本度假村

徒手草图

中心生态岛

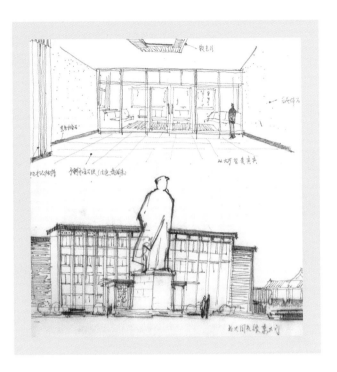

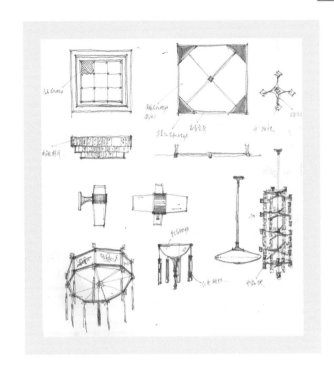

草图手记

每幅不超过半小时完成，草图手记，棕色毡笔，速写纸

这些都是在工程中观察到的东西，不但记录了场景，还标注了选材用色。这些表现方式是照相机难以替代的。因此，建筑师通过自己的头脑观察、思考，留下的是自己关心的要点。通过徒手草图记载，会在脑海中留下难以磨灭的印象。这对初学者来说是值得提倡的学习方法。

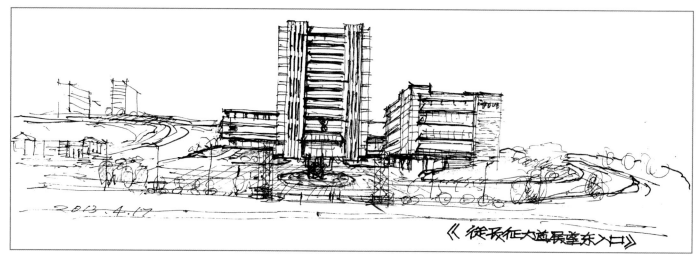

《從民征大道展望东入口》
2013.4.17

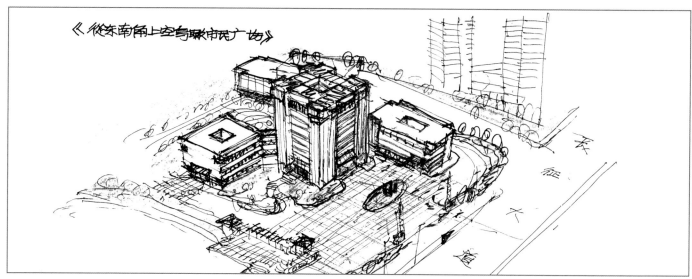

《從东南角上空鸟瞰市民广场》

徒手草图

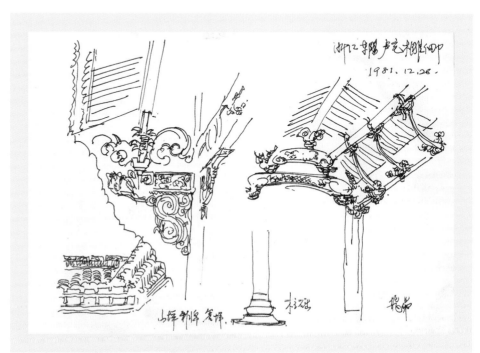

徒于草图

老师手稿

这是珍藏50余年，在校期间老师为我改图时留下的手稿。其中有张敕、彭一刚、聂兰生、冯建逵老师的手稿，说明老师在教学中不仅动口，还亲自动手示范，使学生受益匪浅。其他像童鹤龄、荆其敏、潘家平等老师都曾在我们课程设计时为我们演示。据学友告知：在20世纪80年代，荆、潘等老师赴美明尼苏达大学讲学时，曾得到校方和学生的多次挽留，说明直观的示范教育是影响深远的。

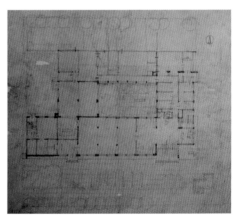

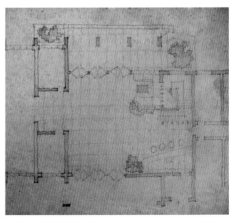

建筑效果表现图

勇于创新、与时俱进

1953年初—1955年上半年院址
福州大厦（原名汉弥尔登大厦）

1955年初—1956年末院址
外滩汇中饭店（原名和平饭店南楼）

1956年末—1998年末院址
外滩广东路17号（原名大利小楼）

1998年至今
右门二路258号现代大厦

建筑效果表现

建筑效果表现图的主要用途是建筑师用以表现自己的设计理念和方案构思具象化的手段，也是与设计合作者交流，或者与上司和业主或者主管部门汇报、沟通的重要方式之一。

建筑效果表现的方式和手段日渐多样化，可以不拘一格，只要能形象和高效地反映出设计作品真实而生动的建筑作品效果，目的即便达到了，至于表现的方法和手段在开卷的"建筑画综述"中，已有阐述，不予赘述。这里只选择自己主持或者参与的 代表设计作品的建筑效果表现图之中一部分，供读者参考。可能是"一孔之见"，也可能是"不屑一顾"，就见仁见智吧。

建筑效果表现图根据不同沟通对象，不同项目，不同的时间要求来确定自己采取的表现方式。既有时间充裕，又是向上级领导、业主和有关主管部门汇报方案，采用了可能需要的表现方式。要求更精细而又形象化的方法。当前，比较流行的电脑制作的效果图。较得到青睐。而过去流行手绘效果图是比较生动地建筑师个人创意特色的主要表现方式，其作品更富有个性化，避免电脑制作的产品，往往难以十分贴切地反映建筑师的原始意图，造成电脑效果图"千人一面"的雷同化。建筑师手绘效果图在国际上还是得到业界的重视和认可的，这是对建筑师创意作品的珍重。我以为建筑师手绘的效果图是时候不会被人遗忘和摈弃的，只是随着时代发展，会有新的发展前景。因此，希望青年建筑师和正在就读建筑学专业的学友们，应当珍视自己作品的手稿，这是设计全过程之一个重要见证，有益于设计水平提高和发展。

最后，希望年轻一代不要仅依赖于"图文制作中心"生产的电脑制作建筑效果表现图，建筑师的创意火花不是电脑完全能替代的，你们以为如何？

我们入学时，系主任徐中教授为我们一年级学生上第一堂启蒙课，淳淳告诫学生们："要做一名称职的建筑师，必须培养自己的"三心"：耐心、细心、专心。同时，建筑设计作品的实现，往往是集体合作的结晶。"在此，展现这两幅学生时的作业，这是说明锤炼基本功的重要性。

北京国家图书馆设计方案效果图
约6小时完成，钢笔淡彩画，水彩纸

　　采用钢笔淡彩的方式表现设计意图，我以为比较恰到好处，清新淡雅，而符合文化建筑的属性。同时，可以在较短时间内表现清晰的设计建筑形象。

　　1975年新馆建设是由周总理亲自主持的全国重点项目。总建筑面积共计160 000 m²，选址北京海淀区紫竹公园旁，是拨乱反正后，第一个全国设计竞赛。全国参加竞赛单位达十数家，大型设计院和重点高校参选。上海方案为我院和同济大学合作参加竞赛，经过三轮方案，历时一年。最后，由中央领导确定方案：以杨廷宝先生为代表的"八老"方案为基础，汲取各家之长，加以优化。最终，由原建设部建筑设计院（现名：中国建筑设计研究院）和原西北建筑设计院（现名：中国建筑西北设计院有限公司）合作完成技术设计和施工图直至建成为止。

北京图书馆设计工作会议参加单位有关领导和负责人合影照片

上海图书馆（原跑马厅）改扩建工程效果图
约16小时完成，特号宣纸国画

　　文革结束以后，恢复高考导致图书馆读者人数"井喷"现象，开馆前天色未明，即排队等候入馆。市文化局压力不小，最后，市文化局拍板"拆除旧跑马场看台，力争多造面积，扩建阅览楼和书库"，在"少花钱，多办事"的精神指导下，终于在20世纪80年代初完成了扩建，现已由我院改建为美术馆，本方案效果图，是采用宣纸国画方法的首次尝试。

上海图书馆新馆效果图
约8小时完成，钢笔淡彩，水彩纸

　　20世纪80年代初，我院协同上海规划设计院筹划新馆选址等前期详规编制及概念性建筑方案，历经数年，三移馆址。最终，采纳我院陈植老院长的提案，由时任朱镕基市长定案今天的新馆址。经过多年方案论证，我院连续参加前后期的服务工作十余年。

南通供销大厦
约3小时完成，铅笔淡彩，水彩纸

江苏省常熟市交通大厦建筑效果图
约4小时完成，钢笔淡彩，水彩纸

　　本项目为20世纪90年代初期建成，地处上海至常熟的入城口，位置重要，业主邀请我院设计。办公楼造型较有特点，成为常熟市20世纪80年代的地标建筑。

昆山港监大楼
（现名昆山交通局大厦）效果图
约3小时完成，铅笔淡彩，水彩纸

　　为昆山市20世纪80年代初期经济起步发展时期的地标建筑，当时号称"昆山第一楼"，其实总建筑面积不大，业主力求设计"拔高"，本建筑赢得昆山市领导及业主的好评，产生了较大的社会影响，也为我院在昆山打开了设计市场。

上海宾馆（原名旅游宾馆）效果图
约40小时完成，水粉画，绘图纸

　　20世纪70年代末上海市成立旅游局，委托我院担任解放后上海第一座高层宾馆的设计工作，定位为三至四星级，暂名"旅游宾馆"，由我院担任选址和前期建筑概念方案的前期策划比选。两易选址，最终确定现址。本项目集中了全院技术骨干，从前期规划，建筑设计以至于全部室内设计总造价不足5 000万人民币。本项目为我们中国自行设计，自己施工安装，全部机电设备和装潢材料均为国产，这是我院引以为豪的品牌工程。为我院争得了荣誉，多次获得中央领导和国家建设部的嘉奖。

"旅游宾馆"效果图（日景）
约40小时完成，水粉画，特号图纸

　　此画入选首届全国《建筑画》展览和画选，此方案原拟建外滩33号
（即原英国领事馆）。

"旅游宾馆"效果图（夜景）

室内装饰画——上海宾馆大宴会厅嘉会堂（水粉画）
约20小时完成，2#画幅，水粉画

此画20世纪80年代初参选首届全国建筑绘画展览，据说送回我院时不慎丢失。原稿特号图幅，耗时30余小时，还是进设计院近20年第一次殚精竭虑绘制这样大幅的室内效果图。在室内外的风格和品位上积聚了团队的集体创意，这是我院继"万体馆"后又一力作。在室内设计方面，尽力做到格调统一，分头负责。从室内空间的选料定色到灯具、家具、五金配件的构造设计详图，均为我院自行设计，

上海自行施工。深受国家领导人和专家一致好评。这也是我院"自主创新"的代表作品，证明中国建筑师是可担当的，也是有实力的，不必万事盛请国外大师，而且中国建筑师应当是自主创新的主力军，而不应成为外国建筑师的绘图机器。原稿已被建筑画展遗失，让人心痛，本画由本人重新绘制，以保存设计作品的历史原貌。本画以暖赭色木质为基调"铺面"，点缀华丽的灯饰，贴金仿汉砖壁画，细细刻划，用鸭嘴笔于"点睛"之处细细收拾，完成还是非常顺利的。

上海第一八佰伴新世纪商厦效果图
约4小时完成，钢笔彩色铅笔，水彩纸（合作设计单位：日本清水建设株式会社）

江苏省常熟市长途汽车站建筑效果图
约2.5小时完成，钢笔淡彩，水彩纸

万泰国际大厦建筑效果图
约3小时完成，钢笔、彩色铅笔，水彩纸

上海珠江玫瑰花园建筑效果图
约6小时完成，水彩、彩色铅笔，水彩纸

沪杏科技图书馆

原名"未来图书馆",为1988年设计中标方案。由香港大
学熊志行教授主持筹资,是与上海科委的技术合作项目。

沪杏科技图书馆方案效果图
马克笔画

海南省国际新闻中心
建筑效果图
约3小时完成，马克笔，绘图纸

　　1987年，本设计项目为我院海南院（原为分院）成立初期打响的第一炮，由于形势的变故，动工仪式后，不久便停工。但是，为我院在海南省打开了设计市场。此图由于开发商赶时间，当天傍晚即在报上发布 地产整页广告，急需建筑效果图表现。上午赶制出效果图即送机场，下午在海南报纸上即刻发表，我体会到采取马克笔表现方式还是比较恰当的，因为马克笔上色迅速、即干，达到了较好的宣传效果。

海南省海口市长江北路商住地块效果图
半天左右完成，马克笔画，绘画纸

　　以海南的海蓝色为基色，门窗、橱窗加以深暖棕色以及少量淡黄、土黄作为反光。冷暖色强烈对比，建筑、天地较多留白，形成南方建筑明快简约的感觉。

海南国际世贸中心
约8小时完成，钢笔淡彩，水彩纸

海南国际世贸中心室内效果图
约3小时完成，水彩、马克笔，绘图纸

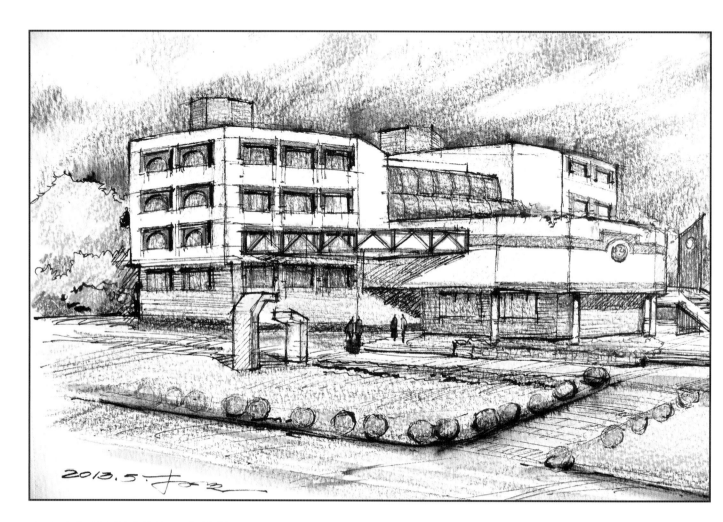

山东省经济计划学校图书馆效果图
约4小时完成，钢笔、彩色铅笔，水彩纸

山东省经济计划学校图书馆
（现名山东法官学院）实景照

山东省经济计划学校图书馆
（现名山东法官学院）模型照

我院原模型组制作。

MEGELL UNIVERCITY MONTREAL

加拿大·蒙特利尔大学新老图书馆外景效果图
约6小时完成，钢笔、彩色铅笔，绘图纸

加拿大·蒙特利尔医学院外景效果图
约4小时完成，钢笔、彩色铅笔，绘图纸

乍嘉苏高速公路嘉兴管理中心（嘉兴世贸大酒店）外景鸟瞰图
约3小时完成，钢笔淡彩、彩色铅笔，水彩纸

　　本项目取得了嘉兴市领导和业主的认可、定案和实施。世贸大酒店为嘉兴市第一座五星级大酒店，设施完善，功能齐全。开业后，受到中央以及省市领导多方赞赏和肯定。

嘉兴世贸大酒店景观塔外景效果图
约2小时完成，钢笔淡彩，水彩纸

上海浦东展览馆建筑效果图
约6小时完成，钢笔淡彩，水彩纸（合作设计单位：德国GMP建筑设计公司）

上海浦东展览馆实景照片

上海光明城市公寓建筑效果图
约3小时完成，钢笔淡彩，水彩纸

  本项目定位为高级公寓，属招标项目，参加竞标单位为全国包括港台七家实力相当的设计单位，招标结果，我院中标并予以实施。本方案主要特点是总体布局紧凑合理、平面功能实用，基本做到户户为景观房，朝向、景观具有良好均好性，建筑创意隐喻"双龙献珠"，环境优美、亲切宜居，市场供不应求。表现技法采用钢笔淡彩的方式，能迅速表达设计的构思。

上海光明城市公寓电脑效果图

吴江市东太湖大厦电脑效果图一

吴江市东太湖大厦电脑效果图二

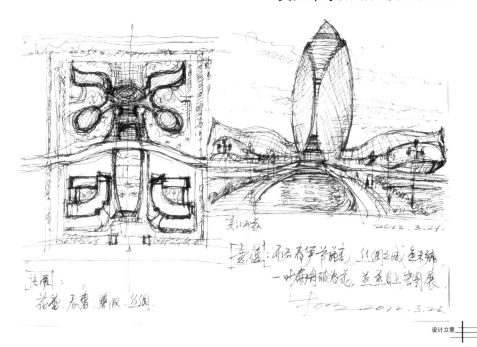

吴江市东太湖大厦设计草图

　　本人手稿创意"雨后春笋节节高，丝绸之城鱼米乡，一叶扁舟破浪花，蒸蒸日上宏图展"。

"释迦如来殿"坐落于上海静安区一角,项目小,难度大,可谓"螺丝壳里做道场",制约条件多,原建筑为花园里弄住宅,不能按常规营制设计。此处为龙华寺主持方丈明旸法师以及早年其师傅圆瑛大法师的讲经所在地。本人虽非信徒,但为佛教做点善事,也是积德,为人所托,仅尽义务。从此,我和明旸法师结下了深厚的友情。这幅水粉画专门在现场为明旸法师汇报方案时制作的效果图。

圆明讲堂扩建工程建筑效果图

圆明讲堂扩建工程实景照片

四川省贡井区行政中心设计方案效果图
约4小时完成，钢笔彩色铅笔，水彩纸

后 记

　　此本《实画直说》建筑画选即将出版之时，首先，以感恩之心和谦卑之情，对我院张伟国董事长和刘恩芳院长等领导的热忱关切和支持，致以深深的感谢！年逾古稀之时，还能为我出版这本画选，实是人生之幸事。尽管我要从东分西散、积压箱底的纷杂素材中整理出这本册子，是辛苦而劳累的工作，但是，却也是一件十分有意义的事情，是对国家和我院数十年的培养和提供历练机会的汇报。作为新中国培养的一代建筑师，我感到非常自豪和振奋。同时，我必须感谢我的师长和亲朋，在我人生低谷期间，给予强有力的支持和理解。人生"不经历风雨，难以见彩虹"。我的人生座右铭为"竞奋起，莫沉沦"，在这金色的晚年，我应当为我院再贡献自己的绵薄之力。做好"传帮带"，让青年建筑师发挥更大的潜能，为国家做出更大的贡献。本人以虔诚之心，虚心听取读者们的宝贵意见，以便改进。

　　最后，要向为本书出版策划付出极大辛劳的我院综合办公室施勇、技术发展部潘嘉凝等以及夜以继日、努力工作的黄玉昌、邱致远、蔡亦龙、沈荣、陈伯熔、陈建军、周干杰等诸位同事致以由衷的谢意！

　　正当去年初秋本画集编著工作已近尾声之际，却遇老伴重症病危住院，不得不将编著事宜暂搁。现在正在逐步康复，现已跨入新的一年时，在补记中特此说明，我老伴原先对本人出版画集一直持保留态度，理由是：担忧我费神劳心，影响健康。而在她住院期间却关心起我的出版问题，希望我不要半途而废，一再鼓励我腾出时间，早日完稿审定，了却心愿。因此，本画集的出版，也离不开她的有力支持。

　　回望我们夫妇相濡以沫五十多年，从大学里相识到我院共事相知，时至今日互相扶持，十分珍惜。这五十多年间共享人间苦乐，同为祖国建设竭尽绵薄之力，一生无憾。令人骄傲的是，我的小家虽非光彩照人的模范家庭，却也是安定温馨的幸福之家。人生旅途五十余年中，既是同学、同事，又是生活中不可或缺的伴侣。尽管出版的进度有所延误，我想一定将失去的时间追回来，不辜负院里的期望。同时，祝愿老伴早日康复，谨以补记。

李学熙
2013年4月